和坏习惯说再见

全5册

儿童健康自我管理绘本

勇闯牙菌斑大本营

5

徐瑞达 / 著　苏小泡 / 绘

中信出版集团 | 北京

图书在版编目（CIP）数据

勇闯牙菌斑大本营 / 徐瑞达著 ; 苏小泡绘 . -- 北京 : 中信出版社 , 2024.8
（和坏习惯说再见 : 儿童健康自我管理绘本）
ISBN 978-7-5217-6391-1

Ⅰ . ①勇… Ⅱ . ①徐… ②苏… Ⅲ . ①口腔－保健－儿童读物 Ⅳ . ① R780.1-49

中国国家版本馆 CIP 数据核字（2024）第 044181 号

勇闯牙菌斑大本营

（和坏习惯说再见：儿童健康自我管理绘本）

著　　者：徐瑞达
绘　　者：苏小泡
出版发行：中信出版集团股份有限公司
（北京市朝阳区东三环北路27号嘉铭中心　邮编　100020）
承 印 者：北京尚唐印刷包装有限公司

开　　本：889mm × 1194mm　1/16　　印　　张：12.5　　字　　数：330千字
版　　次：2024年8月第1版　　印　　次：2024年8月第1次印刷
书　　号：ISBN 978-7-5217-6391-1
定　　价：99.00元（全5册）

出　　品：中信儿童书店
图书策划：小飞马童书
总 策 划：赵媛媛
策划编辑：白雪
责任编辑：蒋璞莹
营　　销：中信童书营销中心
装帧设计：刘潇然
内文排版：李艳芝
封面插画：脆哩哩　苏小泡

☆主要人物☆

古灵精怪，喜欢钻研各种稀奇古怪的问题。对零食了如指掌，人称“零食大王”。口头禅是“哎呀呀”。

冷布丁的好朋友，单纯可爱，想象力丰富，能把任何物品联想成美食。食量超大，尤其喜欢甜食。

超能小圆，零食博物馆送给小朋友们的机器人。它们身怀绝技，除了能随意变形，还能用各种出人意料的方式解决疑难问题。

菲菲

文静乖巧，说话轻声细语。喜欢看书和画画。擅长配色，能把食物搭配得像彩虹一样漂亮。

机智勇敢的小班长，超级小学霸，热爱运动，活力四射，各方面都十分优秀。

小朋友们心中最神秘、最有趣的老师，总能给大家带来惊喜。

嘿，我是冷布丁，谢天谢地，叮叮当总算找到了，可帮我们找到叮叮当的外星人，却离奇地消失得无影无踪。只是我们顾不上那么多了，眼前的问题是怎么把叮叮当救出来。确切地说，是怎么把它拔出来！因为有一层黏糊糊的东西把它粘在地上动弹不得，也出不了声！

等我们费尽九牛二虎之力，终于把叮叮当从蜜糖里解救出来时，它却一问三不知，反倒可怜巴巴地问我们发生了什么，为什么它的牙这么疼！

叮叮当二话不说，一眨眼的工夫，它已经变大，张开“嘴巴大门”等待救援了。瞬间，一阵吵吵嚷嚷的声音传了出来。为了避免打草惊蛇，我们计划伪装潜入，一探究竟。

叮叮当嘴巴里，上下两排牙齿像小山丘一样巨大。牙齿上有不少小洞，有的已经变黑了。奇怪的是，我们只听得到吵嚷声，却看不到任何身影。难道这些坏家伙会隐身？
啊！叮叮当的牙齿……好可怜！
咕噜噜你有办法吗？
看我用显色剂让它们现出原形！
难道这些坏家伙会隐身？

“哇，紫色的雨！”“好漂亮！”随着一声声惊呼和紫色“雨滴”的不断喷淋，越来越多的隐形怪开始现出原形，少说也有几百种！

唾液链球菌
变形链球菌
白色念珠菌
罗伊氏乳杆菌
双歧杆菌

太可怕了，这么多隐形怪，再晚来一步真不知道会怎样呢！要不是得按计划行动，我真想马上跳出来抓住它们问罪！
看我这样子，还真像个隐形怪！

我们学着它们的样子向前移动。这时一只大个子隐形怪看过来，大声呵斥道：“你们新来的，别傻站着，快去干活儿！”看来大家伪装得不错，隐形怪果然把我们当成了同类。可它们到底是什么来头呢？

真是不听不知道，一听吓一跳！原来它们就是大名鼎鼎的细菌，还有真菌！那……到底谁才是破坏者呢？它们为什么要破坏别人的牙齿？我们迫不及待地想要知道问题的答案。

牙菌斑大本营
?
牙菌斑大本营是什么？
怎么到处都是？
大本营

跟着刚才那个被叫作变形链球菌的大个子，我们来到最后面两座牙齿山丘的狭缝处，也学着它的样子大声赞叹道：“哇，这个地方真是好极了！再组建一个新的‘牙菌斑大本营’吧！”

揭秘牙菌斑

牙菌斑是一种细菌生物膜。它就好比由不同细菌组成的“细菌大部队”，能粘附在牙齿表面，而且无法通过漱口清除掉。牙菌斑是透明的，肉眼很难观察到，借助牙菌斑显色剂可以让它“显形”。

牙缝、牙龈沟等凹陷处更容易残留食物残渣，也更适合细菌繁殖，因此，这些部位也是牙菌斑的重灾区。

看来它们和人类一样，也爱吃糖……越来越多的隐形怪朝这个牙菌斑大本营聚过来了。听！它们在谋划什么呢？
我宣布，新的牙菌斑大本营成立！
首先，我们要利用糖生产出酸。
牙菌斑大本营招新
有了酸，我们就不愁新房间了！
到时候我们的游戏室、衣帽间……应有尽有！

我装出有些担心的样子，问道：“你们不知道吗？牙齿可是人体最坚硬的部位！山楂酸、醋酸、柠檬酸……牙齿什么酸没见识过，怎么可能会怕我们这点酸呢？”大个子隐形怪听了我的质疑狡黠一笑，说：“新来的，虽然牙齿极其坚硬，还有唾液的保护，但我们有对付它的绝招！”

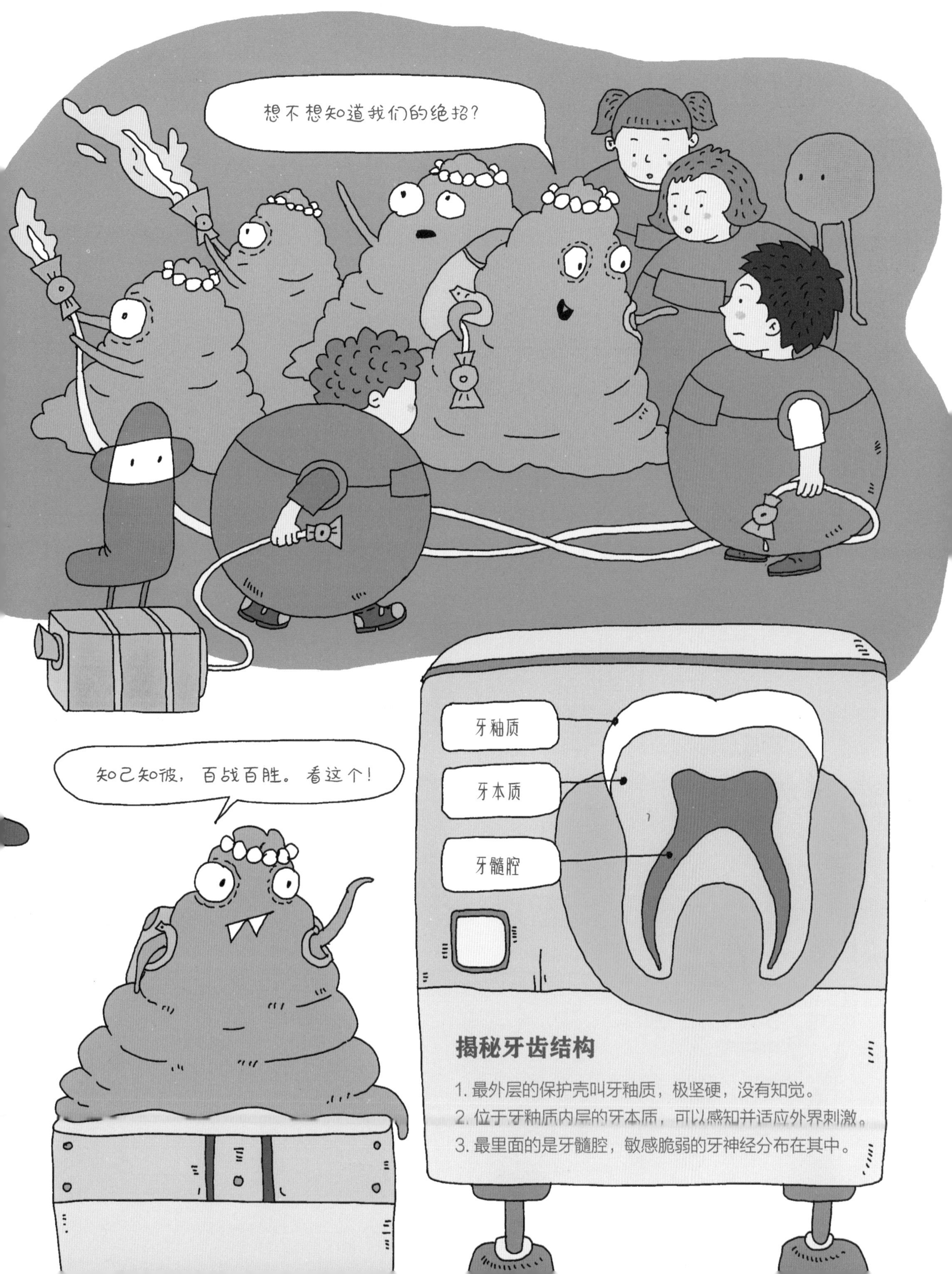
想不想知道我们的绝招？
知己知彼，百战百胜。看这个！
牙釉质
牙本质
牙髓腔
揭秘牙齿结构
1. 最外层的保护壳叫牙釉质，极坚硬，没有知觉。
2. 位于牙釉质内层的牙本质，可以感知并适应外界刺激。
3. 最里面的是牙髓腔，敏感脆弱的牙神经分布在其中。

大个子隐形怪得意地接着说：“攻破牙齿的保护壳是关键。想要攻破保护壳的确很困难，但据我们研究，这层保护壳和鸡蛋壳的成分很相似，它们的共同点都是怕“酸”。

揭秘脱矿

如果把蛋壳泡在醋、碳酸饮料或其他酸性溶液里，蛋壳里的矿物质就会被酸慢慢溶解，导致蛋壳变软，甚至消失。这种有机体、组织中矿物成分减少的现象叫作脱矿。

揭秘牙齿为什么怕酸

牙齿的保护壳牙釉质的成分和蛋壳很相似，都是主要由矿物质组成，所以，如果牙齿长期处在酸性环境中，就会导致牙釉质脱矿，甚至进一步形成龋洞。

“接下来的事就容易啦！不就是需要酸吗？这可是我们的拿手好戏。糖到处都是，而我们最擅长把糖转化成酸。而且，即便没有甜甜的糖，食物中的淀粉我们也能用。”

“最后，只需要等待！我们希望这个人尽量少漱口、少刷牙，这样，我们就能加速建成更多牙菌斑大本营，合力产出更多更浓的酸。那么龋洞的出现也就指日可待了。”

看到我们如此崇拜的眼神，大个子隐形怪更加得意了。它神神秘秘地指了指一个黑漆漆的洞口，悄声说："跟我来，这是我们变形链球菌的秘密基地，最新的作战计划就藏在里面，这可是绝密资料。新来的，睁大眼睛好好看哟！"

看看那作战计划！这些家伙多阴险、多狡诈、多可恨……现在证据确凿，就是它们在破坏叮叮当的牙齿。是时候让它们见识我们的厉害了！大家脱下伪装，跑向洞口，想要来一个瓮中捉鳖。大个子隐形怪吓坏了，它喊了一声“大事不妙”，随后一个前滚翻，敏捷地逃出了洞口。

面对身手更矫捷的超能小圆，这些变形链球菌最终只能乖乖束手就擒。在证据面前，它们对破坏牙齿的行为供认不讳，但我们依然有很多疑问。
既然酸这么厉害，那我总吃酸的东西，怎么没见牙齿有一点损伤？
对呀，我们总是要吃东西的，如果像你说的那样，牙齿早晚有一天会被腐蚀吧？
快点说实话，别想耍花招！
我说的都是真的。
别忘了，牙齿有一定的自我修复能力，唾液和含氟牙膏都是我们的死对头。

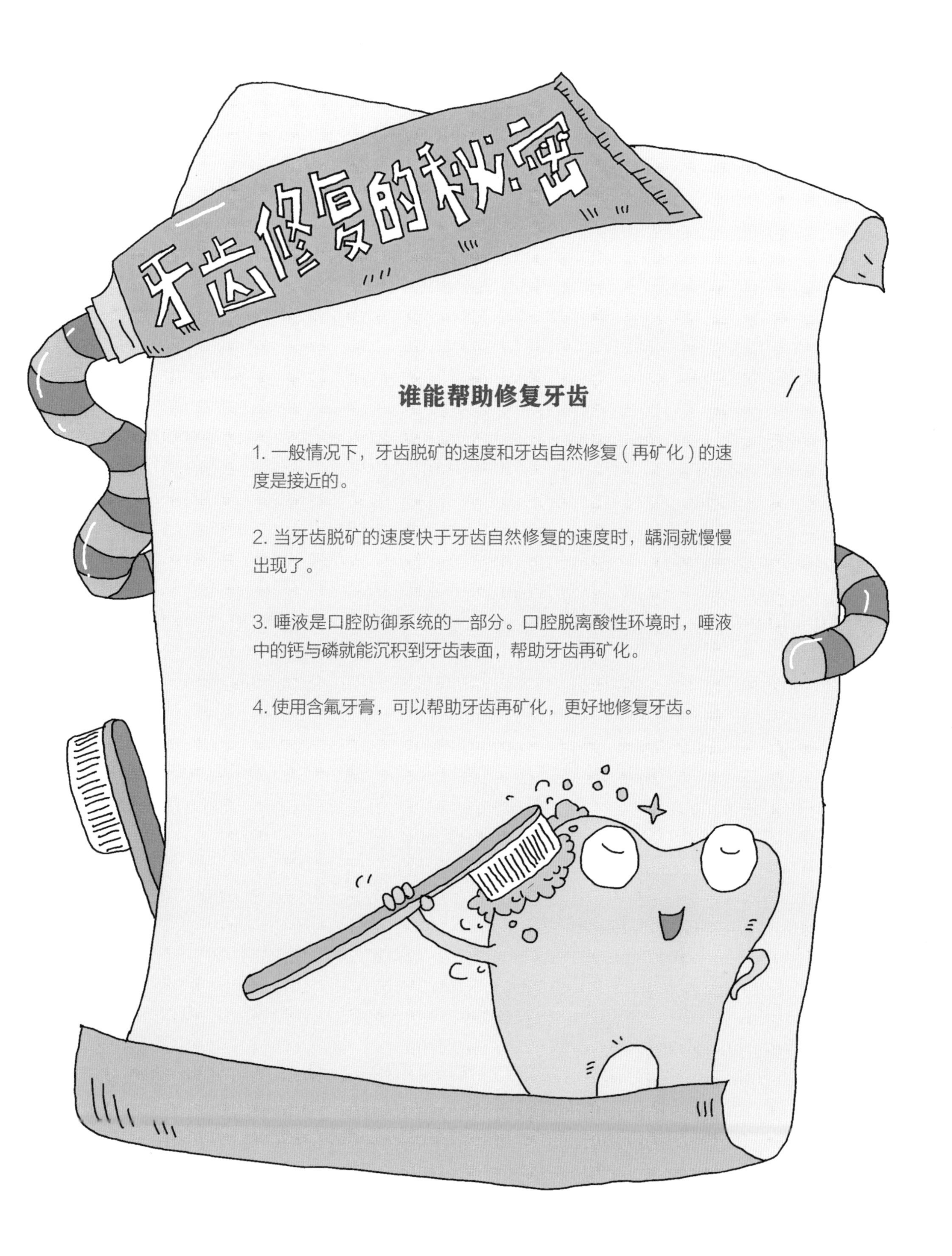

谁能帮助修复牙齿

1. 一般情况下，牙齿脱矿的速度和牙齿自然修复（再矿化）的速度是接近的。

2. 当牙齿脱矿的速度快于牙齿自然修复的速度时，龋洞就慢慢出现了。

3. 唾液是口腔防御系统的一部分。口腔脱离酸性环境时，唾液中的钙与磷就能沉积到牙齿表面，帮助牙齿再矿化。

4. 使用含氟牙膏，可以帮助牙齿再矿化，更好地修复牙齿。

“除了唾液和牙膏，我们变形链球菌还有别的对手。比如副干酪乳杆菌和鼠李糖乳杆菌，就总是和我们过不去。还有那些牙龈卟啉单胞菌，也总是和我们抢地盘。”大个子隐形怪委屈地说道。

口腔就像一个庞大的社区，里面住着种类繁多的微生物，其中细菌就有 700 多种。这些微生物之间有联合也有竞争，共同形成了一个动态平衡的共生环境。如果某种致病菌大量繁殖生长，就容易引起口腔疾病。

真没想到，口腔环境如此复杂，细菌也不都是坏角色，有的还在默默保护着我们呢！

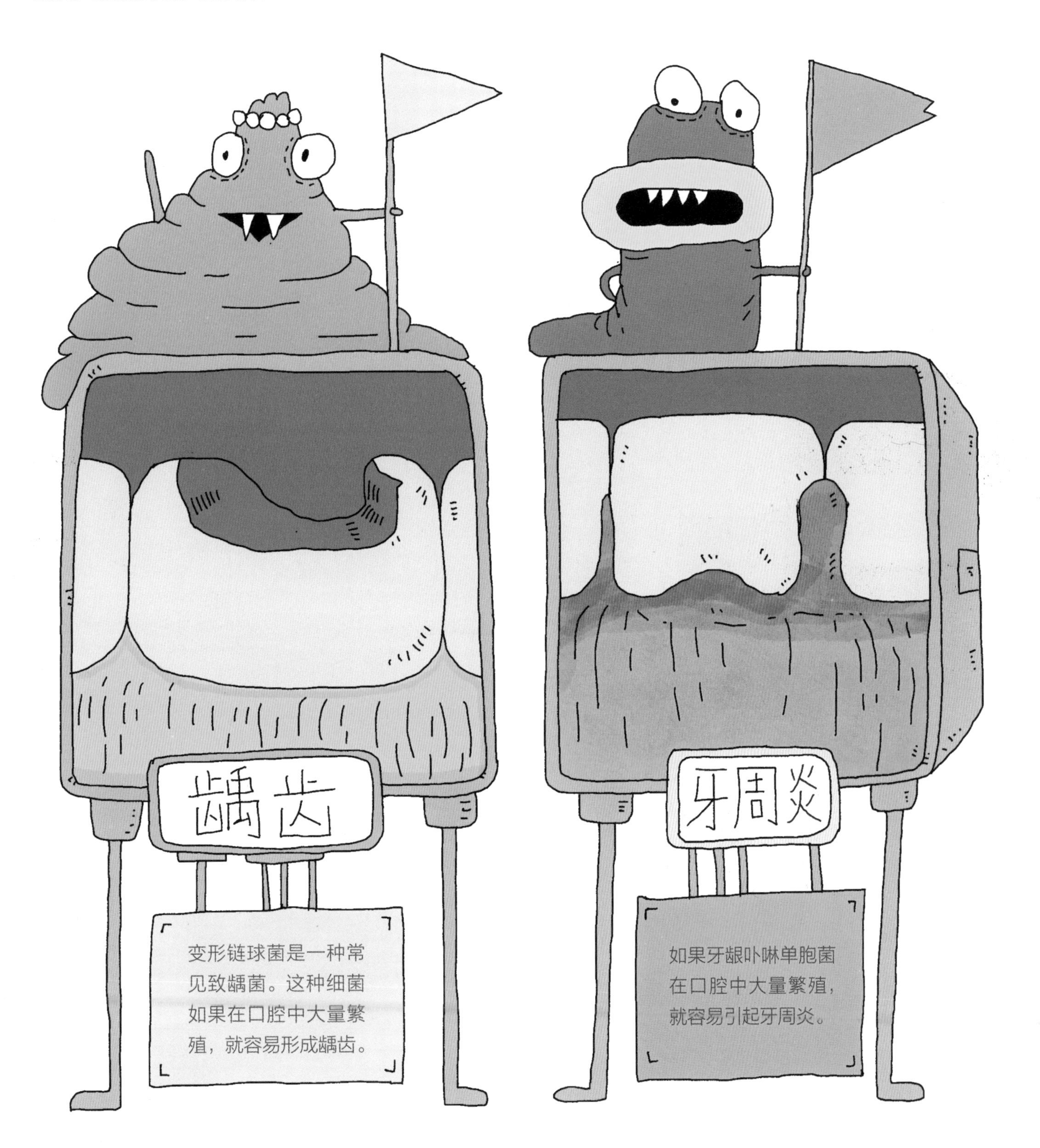

总算真相大白了。那么要怎样狠狠收拾这些坏蛋呢？每次都用牙膏刷牙，有点麻烦。对了，用消毒剂怎么样？让这些家伙彻底离开口腔不就清净了吗？

唉，也许真的没有捷径！那我们只能用“麻烦的方法”，坚持不懈地和这些家伙战斗了。刷牙大战开始，接招吧！
看我怎么收拾你！
救命啊……
真以为我们是吃素的吗？快走开！
饶命啊，我再也不敢啦……
及时清除牙菌斑，避免细菌过度繁殖，维持口腔菌群平衡，才是确保口腔健康的关键。

狂风暴雨之后，隐形怪应该被清理干净了吧。可咕噜噜再次喷洒出紫色雨滴之后，我们惊讶地发现，角落里还是有不少“漏网之鱼”。“即使每天刷牙也不一定能打败我们。”一只隐形怪笑嘻嘻地说。看它那得意忘形的嚣张样子，真令人气愤。

刷牙都不管用，是哪里出问题了呢？“应该是我们的刷牙方法不对。”老师建议我们尝试一下“巴氏刷牙法”。

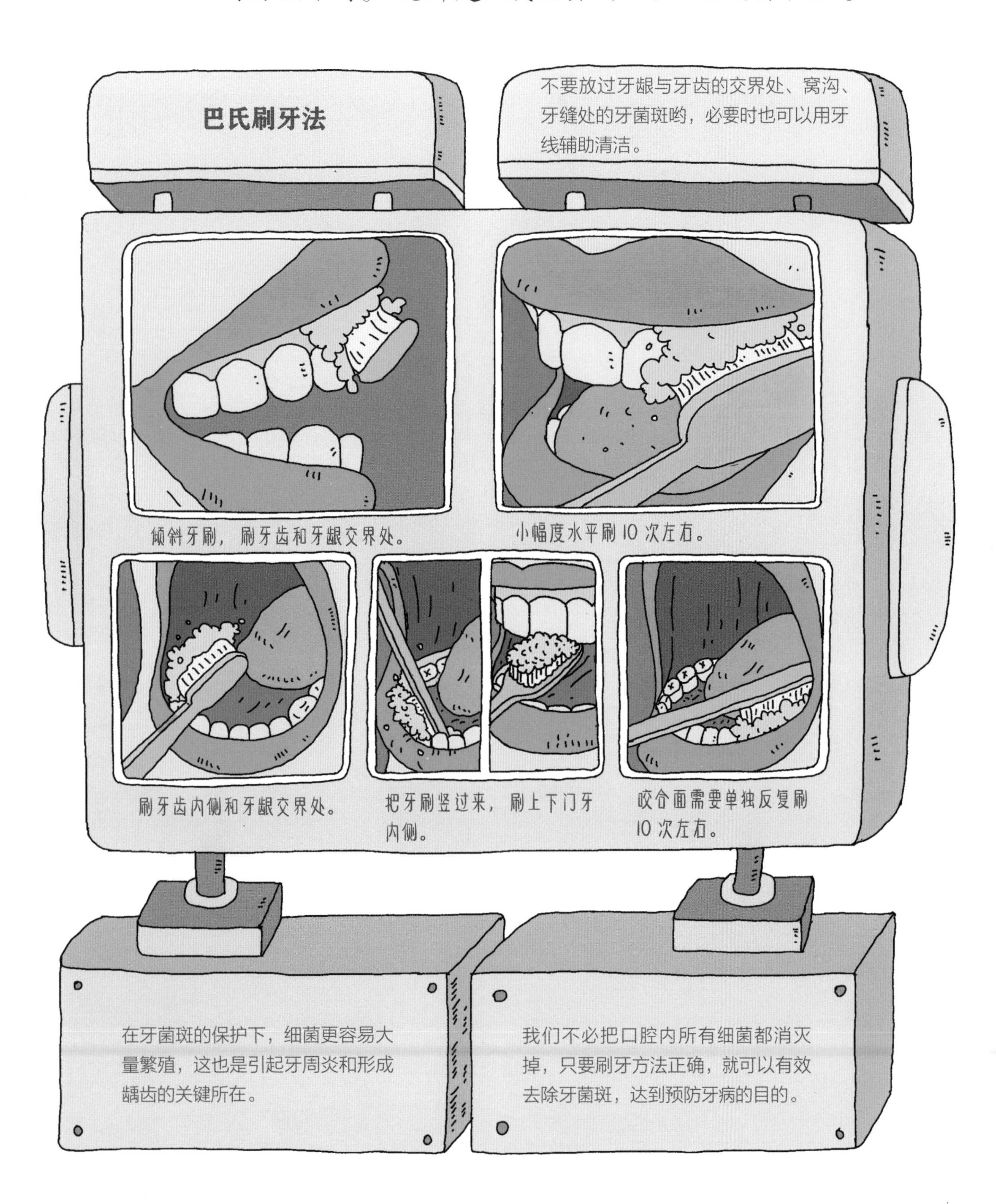

这一次，我们大获成功，牙菌斑大本营终于被彻底摧毁！我知道，致龋菌们还会不断地来找麻烦，但有了这份护牙秘籍，我们就再也不怕啦！

护牙秘籍

1. 远离精炼的糖、碳酸饮料等不利于牙齿健康的食物。

2. 吃完东西要漱口或刷牙，尤其在吃过甜食或酸味食物后。

3. 每天早晚正确刷牙，选择含氟牙膏。

4. 定期做牙齿检查。每3~6个月看一次牙医，做到早发现早治疗。

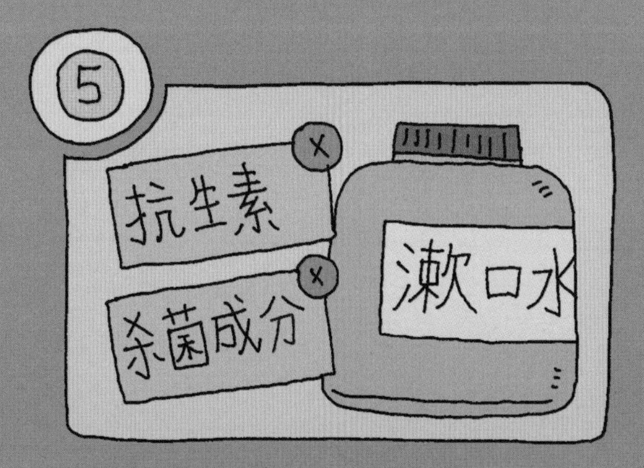

5. 不滥用抗生素和含杀菌成分的漱口水，避免扰乱口腔菌群平衡。

6. 如果牙齿有较高蛀牙风险，可咨询牙医，适时做涂氟或窝沟封闭。

远离龋齿，重在预防。如果牙齿已经出现龋洞，一定要尽早诊治，到时候你可能会需要新的秘籍来帮忙。

口腔大战已告一段落，飞船也早已修好，是时候启航回家啦。让我们朝着星辰大海，出发！
现有秘籍全部收录完毕。
叮叮当，你的牙洞还没补上呢。别跑！
我最怕牙医了，救命啊！
再见了，七号星球！
我们揭开了好多谜团。
还有更多奥秘在等着我们吧？
当然了，如果你们坚持钻研科学，探索未知，一定会发现更多有趣的奥秘。
我已经对科学着迷了。

说给孩子的话

亲爱的小朋友，你认识“龋”这个字吗？很久很久以前，我们的祖先还在使用甲骨文的时候，就出现了“龋”字。最早的“龋”字是左图这样写的，后来演变成右图那样，古人认为龋齿是因为牙齿里有虫子导致的。

现在我们知道了，龋齿，也就是我们常说的蛀牙，并不是真的有小虫子咬坏了我们的牙齿，而是因为口腔里的致龋菌产生的酸腐蚀了牙齿。

没错，形成龋齿的元凶是致龋菌。要想制服它们，就得靠你勤劳的小手来帮忙啦！比如说认真仔细地刷牙，把赖在牙齿表面不肯走的致龋菌及时清除掉。另一个做法就是给致龋菌“断粮”，它们不是喜欢吃糖吗？你偏偏不给它们吃，什么饼干、汽水、棒棒糖……它越喜欢的，你越不碰，它们就干着急，拿你没办法。其实，即使你偶尔没忍住吃了几口，给了它们几次机会，你也还有反击的办法，那就是赶快漱口或刷牙，让牙齿“远离危险”。

如果你能做到这些，同时用含氟牙膏好好刷牙，定期做牙齿检查，龋齿就不会出现啦。

远缘链球菌

唾液链球菌

变形链球菌

牙龈卟啉单胞菌

副干酪乳杆菌

黏性放线菌

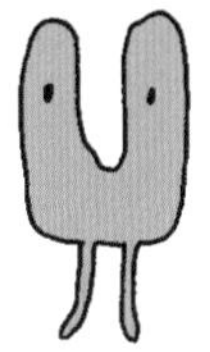

双歧杆菌

罗伊氏乳杆菌

家长一起学
为孩子的健康保驾护航

为什么乳牙也要保护好？

儿童一般 6 岁左右开始换牙，13 岁左右乳牙全部脱落。虽然乳牙只会陪伴孩子 10 年左右的时间，但它对孩子的健康成长十分重要，和全身健康息息相关。牙齿不好，引起的疼痛会影响咀嚼能力、食欲，甚至会导致孩子自信心不足。

“小时候有蛀牙也无所谓，等到长大换牙就好了。”很多家长有这样的误解，认为乳牙出现龋齿不需要治疗，或等孩子牙痛了再去看牙医，最终错失最佳治疗时机，导致不可挽回的损失。龋齿是无法自然修复的，一旦形成龋洞，轻则需要补牙，重则需要做根管治疗，严重的甚至要拔牙。

值得注意的是，形成龋齿的根本原因是致龋菌，因此口腔问题并不会随着乳牙脱落而自动终结，而是会持续影响后面长出来的恒牙。而发现龋齿后补牙，也只是修补了龋洞，如果口腔菌群没有得到控制，龋齿迟早还会复发。

有许多医学证据显示，乳牙出现龋齿的影响会持续到换牙后，甚至成年时期。有严重龋齿的幼童即使经过治疗，龋齿复发的概率仍远高于没有龋齿的孩子。所以，爱护牙齿要从婴儿长出第一颗牙开始，重在预防，定期检查牙齿。

可以长期使用杀菌漱口水吗？

口腔是整个消化道的起点，口腔疾病基本都与细菌的活动有关系，比如地球人的通病——龋齿。

其他常见的口腔疾病，比如牙周炎，主要由牙龈卟啉单胞菌引起，而口气问题则与更加复杂的菌群有关。可以说，常见的几种口腔疾病都与口腔中有害菌的繁殖有着密切关系。

治疗口腔疾病时，也许需要使用特定漱口水帮助治疗。但健康人长期使用含有抑菌、灭菌成分的漱口水，会严重破坏原本健康的口腔菌群结构，引起口腔疾病，甚至带来其他方面的身体危害，比如肠道炎、高血压和心脏病，还会增加糖尿病的患病风险。

与成年人相比，儿童口腔共生菌群的分布会随着儿童的生长发育而动态变化，对外界刺激也更敏感。口腔菌群失衡可能会影响到儿童的免疫系统，增加过敏风险。

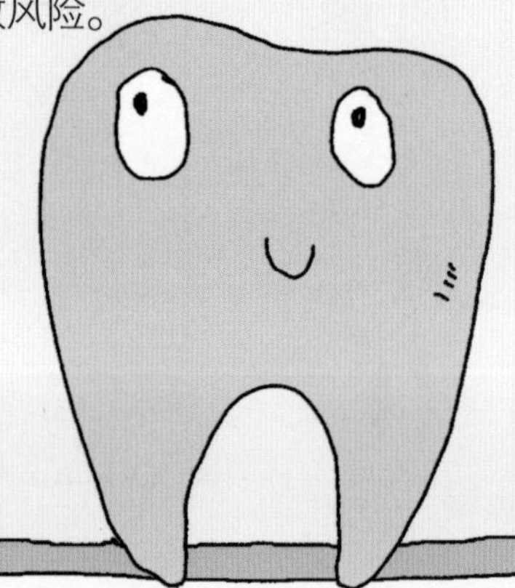

含氟牙膏为什么很重要?

用氟化物来预防龋齿是 20 世纪口腔医学领域的一项重大突破。牙齿外层的主要矿物质成分是羟基磷灰石，这种物质在水中溶解度极低，但是酸性饮食（比如碳酸饮料）和细菌产生的酸，能增加羟基磷灰石在水中的溶解度，导致牙齿表面脱矿。

脱矿是龋齿的早期反应，而氟化物恰好能起到抑制牙齿脱矿的作用，从而预防龋洞出现。

美国牙科协会（ADA）专门针对儿童牙膏发表过一份指南，其中明确指出：

1. 3 岁以内的儿童，应该在萌发出第一颗牙齿时就开始刷牙，并使用含氟牙膏，每天刷牙两次，全程由家长操作或监督（家长要监督孩子吐出牙膏，不要吞咽）。

2. 3 ~ 6 岁的儿童，同样要使用含氟牙膏，每次挤出豌豆大小的牙膏。每天刷牙两次，全程由家长监督。

之所以要儿童使用含氟牙膏，是因为持续数十年的大量研究发现，含氟牙膏能非常有效地预防龋齿。

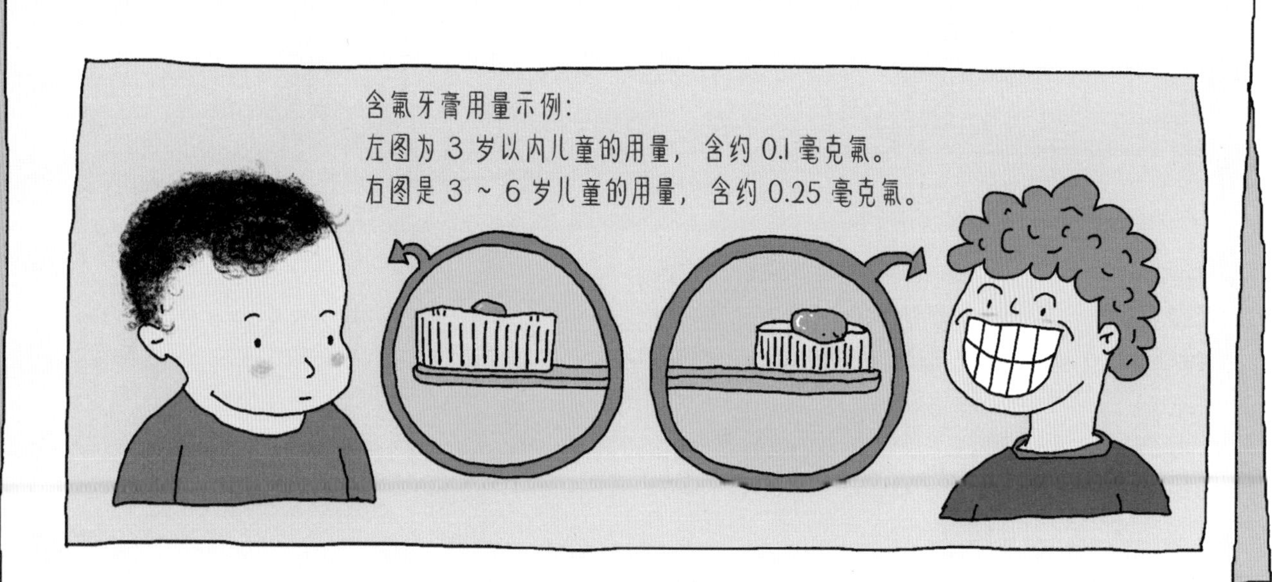

☆ 主创人员 ☆

徐瑞达

度本图书（Dopress Books）工作室创始人、主编、科普作者。主张快乐育儿，科学育儿，有讲不完的爆笑故事，也有根植于心的谨慎固执。倡导“健康管理，始于幼年”。

苏小泡

儿童插画、商业插画、新闻漫画创作者。现居地球。拥有一只猫和一支笔。

☆ 顾问专家 ☆

华天懿

中国医科大学附属盛京医院儿童保健科副主任医师，医学博士，从事发育儿科医、教、研工作20余年。在儿童生长发育、营养、心理及保健指导方面拥有丰富的临床经验。

孙裕强

中国医科大学附属第一医院急诊科副主任医师，医学博士，美国梅奥诊所高级访问学者、临床研究合作助理。